# 发现身边的科学
## FAXIAN SHENBIAN DE KEXUE

# 彩色树叶背后的秘密

王轶美　主编

贺杨　陈晓东　著　上电一中华"华光之翼"漫画工作室　绘

中国纺织出版社有限公司

咚咚："爸爸，春天到了，好多植物都发出了绿芽，为什么这棵树却长出了红色的叶子呢？"

爸爸："这是一棵红叶石楠，它在春天发芽的时候，总是先长出红色的叶子！"

爸爸:"来，我们采集一些不同颜色的叶子回去研究研究！"

咚咚:"嗯嗯！"

　　常见的叶子一般由叶片、叶柄和托叶组成。根据叶片长度和宽度的比例以及最宽处的位置，科学家将叶子分成了很多不同的叶形，比如针形、心形、扇形、菱形等不同叶形，像我们熟悉的银杏叶就是扇形。在大自然采集植物标本时，要有环境保护意识，适度采集，尽量不要损坏植物主体。

爸爸："要想知道叶片为什么呈现不同的颜色，那我们就得深入到叶片里面去研究。跟我一起把叶片撕碎吧！"

咚咚："好嘞！"

爸爸："然后我们将绿色的碎叶片装入研钵中捣烂。"

咚咚："我已经看到绿色的汁液了！"

爸爸："咚咚，红色的叶片就交给你了！"

咚咚："没问题！"

常绿植物的叶一般比较坚韧，角质层比较厚，表面通常具有蜡质的保护膜，不容易捣烂。落叶植物的叶一般比较薄，角质层也比较薄，更容易捣烂。

咚咚："都搞定了！接下来我们做什么呢？"

爸爸："接下来我们把叶片分别装进玻璃杯中，倒入一些医用酒精。"

## 为什么要倒入医用酒精？

在杯中分别倒入医用酒精，酒精属于有机溶剂，叶片中含有的色素可溶解在有机溶剂中，加入酒精可以让叶片中的色素更多地溶解到酒精中。酒精易燃，请在成人的监护与指导下使用。

爸爸："我们用保鲜膜盖住杯口，然后把杯子放在热水中加热。"

咚咚："这是为什么呢？"

爸爸："这样可以使叶子中的颜色快点儿出来。"

　　把杯子放在水中加热在实验中属于水浴加热法，这种方法是利用热传递的原理，将热量从热水传递到杯子内部的液体。由于加热可以让分子运动得更快，使用热水可以加快色素的溶解。

（十几分钟后）

咚咚："爸爸，杯子里的酒精颜色变深了！"

爸爸："是的，这说明我们想要的颜色已经出来啦！接下来我们制作几张特殊的纸条。"

# 操作步骤

**1.** 将采集的树叶剪碎，放入研钵。请注意一片树叶就是一个样本，不要弄混。

**2.** 往研钵中加入适量酒精，进行碾磨，请注意碾磨后将研钵洗净擦干。

**3.** 将碾磨好的汁液放入烧杯，进行水浴加热15~30分钟（其他颜色树叶重复上述操作）。

**4.**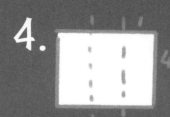

将滤纸裁剪成几条大小相同（1厘米 ×4厘米）的纸条，注意尽量减少手的接触。

**5.**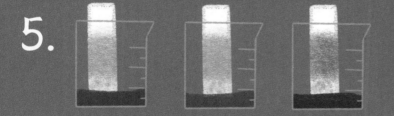

将裁剪好的纸条贴烧杯壁放置，静置，观察。

爸爸："最后，我们将纸条的一端放在杯中，然后等待叶子中神秘的颜色出来吧！"

咚咚："好吧，又是等待。"

爸爸："咚咚，做科学实验是需要耐心的哦！"

科学实验中，实验现象常常随着时间的变化而变化，所以实验者通常会选择时间作为"实验变量"。什么是变量呢？各种需要操纵、控制和测量的因素或条件都是变量，科学家通过改变这些变量，可以得到不同的实验结果，用以得出一定的结论。

咚咚:"爸爸,爸爸,我看到了!纸条上的颜色跑出来了!"

爸爸:"你看到的颜色就是植物色素,正是它们使得叶片变得五彩缤纷。"

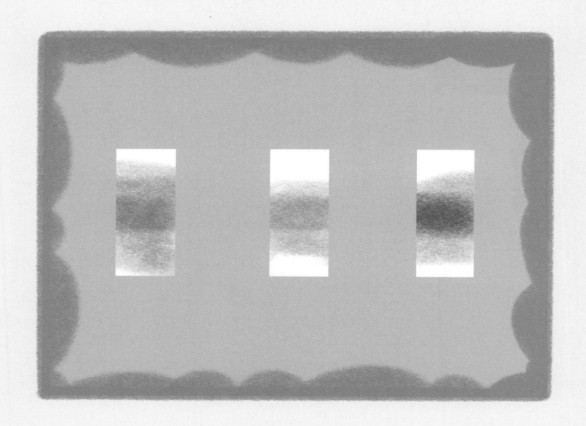

# 科学小故事：叶绿素的发现

这里不得不提一位了不起的德国化学家——韦尔斯泰特。当初，他花费10年时间，用成吨的绿叶进行实验，采取当时最先进的色层分离法提取绿叶中的物质。最终，找到了绿叶中的神秘物质——叶绿素。由于他成功提取了叶绿素，在1915年，韦尔斯泰特荣获了诺贝尔化学奖。

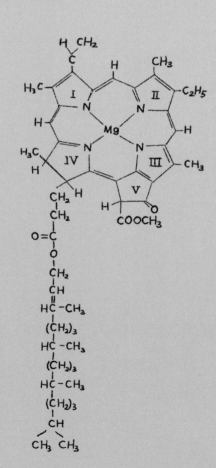

小朋友们，在植物的叶片中，一般都含有叶绿素、胡萝卜素和叶黄素，还有花青素。大部分的叶子都是由于含有叶绿素而呈现绿色，胡萝卜素和叶黄素可以使叶子呈现橙色和黄色。

　　而红叶石楠的叶子在春天呈现红色，是因为冬天的红叶石楠缺乏叶绿素，而花青素却积累了很多，随着太阳光照不断变强，红叶石楠体内的叶绿素也会不断被合成，慢慢地叶子又会变成绿色了。

# 科 学 实 践

**1.** 采集绿叶，尝试用科学的方法提取叶绿素。

扫一扫
观看实验视频

**2.** 找一找，生活中有哪些美食的制作是利用了叶绿素作为原料的？还有哪些食物或饮品是含有天然色素的？

绘图：查筱菲　王悦　余宛泇　潘晓燕　黄郁璇

**图书在版编目（CIP）数据**

发现身边的科学 . 彩色树叶背后的秘密 / 王轶美主编；贺杨，陈晓东著；上电 – 中华"华光之翼"漫画工作室绘 . -- 北京：中国纺织出版社有限公司，2021.6
ISBN 978-7-5180-8347-3

Ⅰ . ①发⋯　Ⅱ . ①王⋯ ②贺⋯ ③陈⋯ ④上⋯　Ⅲ . ①科学实验—少儿读物　Ⅳ . ① N33-49

中国版本图书馆CIP数据核字（2021）第023331号

---

策划编辑：赵　天　　特约编辑：李　媛
责任校对：高　涵　　责任印制：储志伟　　封面设计：张　坤

---

中国纺织出版社有限公司出版发行
地址：北京市朝阳区百子湾东里 A407 号楼　邮政编码：100124
销售电话：010—67004422　传真：010—87155801
http://www.c-textilep.com
中国纺织出版社天猫旗舰店
官方微博 http://weibo.com/2119887771
北京通天印刷有限责任公司印刷　各地新华书店经销
2021 年 6 月第 1 版第 1 次印刷
开本：710×1000　1/12　印张：24
字数：80 千字　定价：168.00 元（全 12 册）

---